BEI GRIN MACHT SICH IHR WISSEN BEZAHLT

- Wir veröffentlichen Ihre Hausarbeit,
  Bachelor- und Masterarbeit

- Ihr eigenes eBook und Buch -
  weltweit in allen wichtigen Shops

- Verdienen Sie an jedem Verkauf

Jetzt bei www.GRIN.com hochladen
und kostenlos publizieren

Michael Meurer

Das Konzept der Global Commodity Chains (nach Gereffi et al.): Grundkonzeption und Bedeutung für die Wirtschaftsgeographie

GRIN Verlag

Bibliografische Information der Deutschen Nationalbibliothek:

Die Deutsche Bibliothek verzeichnet diese Publikation in der Deutschen National-
bibliografie; detaillierte bibliografische Daten sind im Internet über http://dnb.d-
nb.de/ abrufbar.

Impressum:

Copyright © 2008 GRIN Verlag GmbH
Druck und Bindung: Books on Demand GmbH, Norderstedt Germany
ISBN: 978-3-640-34252-5

Dieses Buch bei GRIN:

http://www.grin.com/de/e-book/127717/das-konzept-der-global-commodity-chains-
nach-gereffi-et-al-grundkonzeption

Universität zu Köln

Geographisches Institut

7. Semester, SS 2008

Hausarbeit zum Oberseminar:

„Neue Themen und Konzepte der Wirtschaftsgeographie" (H2, H3a)

Thema:

„Das Konzept der Global Commodity Chains (nach Gereffi et al.):
Grundkonzeption und Bedeutung für die Wirtschaftsgeographie"

Michael Meurer

7. Semester, SS 2008

Inhaltsverzeichnis

Inhaltsverzeichnis ii

Abkürzungsverzeichnis iii

Abbildungsverzeichnis.. iv

Tabellenverzeichnis...v

1   Einleitung 1

2   Global Commodity Chains...2

2.1   Historisch-wissenschaftliche Einbettung und Vorläufer des Konzepts 2
     2.1.1   Relationale Geographie und Neue Wirtschaftsgeographie......................................2
     2.1.2   Globalisierung 2

2.2   Definition einer Global Commodity Chain 3

2.3   Das Konzept der Global Commodity Chains nach Gereffi et al. (Konzept I) 4
     2.3.1   Producer-driven versus buyer-driven Commodity Chains 4
     2.3.2   Die Rolle des Staates in Global Commodity Chains 8
     2.3.3   Fallbeispiel: Strategic Reorientations of U.S. Apparel Firms (TAPLIN 1994)...........10

2.5   Alternativkonzepte und Kritik am ersten Konzept der GCC 17
     2.5.1   Das Filière-Konzept als Vorläufer des Global Commodity Chains-Konzepts...........17
     2.5.2   Das Konzept der Global Production Networks nach Henderson et al......................19

2.6   Das Konzept der Global Value Chains nach Gereffi et al. (Konzept II) 21

3   Ausblick...24

Literaturverzeichnis 25

Abkürzungsverzeichnis

CAD	Compuer-aided design
CC	Commodity Chain
CCC	Computer-controlled cutters
DOB	Damenoberbekleidung
EDI	Electronic Data Interchange
EOI	Export-oriented industrialization
GCC	Global Commodity Chains
GPN	Global Production Networks
ISI	Import-substituting industrialization
MOB	Männeroberbekleidung
NIC	Newly-industrialized country
OEM	Original equipment manufacturer
TNC	Transnational company
WSK	Wertschöpfungskette

Abbildungsverzeichnis

Abbildung 1: Basismodell einer Wertschöpfungskette (Quelle: Gereffi ET AL. 1994)...... 4

Abbildung 2: Organisation der producer-driven CC (Quelle: GEREFFI ET AL. 1994)........ 6

Abbildung 3: Organisation der buyer-driven CC (Quelle: GEREFFI ET AL. 1994)............ 7

Abbildung 4: CC der Bekleidungsindustrie (Quelle: Taplin 1994). 12

Abbildung 5: Die Filière am Beispiel der Brotherstellung (Quelle: SCHAMP 1997: 2)... 18

Abbildung 6: Das Konzept der Global Production Networks (Quelle: HENDERSON ET AL. 2002). 21

Tabellenverzeichnis

Tabelle 1: Kostenvergleich bei T-Shirts in $/Dutzend (Quelle: TAPLIN 1994)............... 15

Tabelle 2: Schlüsseldeterminanten der Global Chain Governance (Quelle: Verändert nach GEREFFI ET AL. 2003)... 22

1 Einleitung

Die Anschläge des 11. Septembers 2001 auf das World Trade Center in den Vereinigten Staaten hatten zur Folge, dass seitens der US-Regierung der „Krieg gegen den Terror" ausgerufen wurde. Da die Mehrzahl der Attentäter in Terrorcamps unter Führung von Osama Bin Laden in Afghanistan ausgebildet wurden, entschlossen sich die USA unmittelbar im Anschluss an die Anschläge zum Angriffskrieg auf Afghanistan. Der Krieg in Allianz mit der NATO, der ISAF und anderen Nationen erfährt bis heute eine hohe Präsenz in den internationalen Medien.

Als ein Koalitionspartner befindet sich auch das österreichische Bundesheer „Austrian Contingent" (AUCON) mit der UN-Schutztruppe ISAF in Afghanistan, über dessen Einsatz in den wichtigsten österreichischen Tageszeitungen berichtet wird. Entscheidend ist hierbei, dass die Bevölkerung eines Landes im Bereich der Außenpolitik hochgradig von Informationen der Medienlandschaft abhängig ist – Öffentliche Meinungsbildung erfolgt entsprechend der Art und Weise, wie Medien über ein außenpolitisches Ereignis berichten.

Um den Afghanistaneinsatz des österreichischen Bundesheeres in Medien und öffentlicher Meinung umfassend zu analysieren, werden zunächst theoretische Ansätze des methodischen Vorgehens dargelegt und erläutert. Danach erfolgt die Überleitung zu der Empirie, die sich aus der Analyse ausgewählter österreichischer Tageszeitungen zu zwei vordefinierten Zeiträumen zusammensetzt: Erstens der durch die verschiedenen Länder-Forschungsgruppen gemeinsam festgelegte Zeitraum unmittelbar nach den Anschlägen des 11. September 2001; der zweite Zeitraum XXX

Mit dieser Analyse wird versucht, die an alle Seminarteilnehmer gestellten Forschungsfragen hinsichtlich des Afghanistan-Einsatzes zu beantworten:

1) Welche Ziele des Einsatzes werden vermittelt bzw. wahrgenommen?
2) Wie werden die Erfolgsaussichten eingeschätzt?
3) Wird der Afghanistaneinsatz der Bundeswehr abgelehnt oder befürwortet?

Zur Beantwortung der drei vorliegenden Fragen wurden die drei Ziele von allen Seminarteilnehmern gemeinsam operationalisiert, um eine Vergleichbarkeit der später erworbenen Erkenntnisse zu gewährleisten.

2 Global Commodity Chains

2.1 Historisch-wissenschaftliche Einbettung und Vorläufer des Konzepts

2.1.1 Relationale Geographie und Neue Wirtschaftsgeographie

In der Wirtschaftsgeographie haben sich im 21. Jahrhundert neue Betrachtungsweisen ergeben, die beide den Begriff der „Neuen Wirtschaftsgeographie" für sich beanspruchen (KULKE 2006: 16 f.). Hierbei werden vor allem gesellschaftliche, soziale und kulturelle Rahmenbedingungen wie auch die Einbindung der verschiedenen Akteure in ihr Umfeld erklärt.

Das Konzept der „relationalen Wirtschaftsgeographie" nach BATHELT/GLÜCKLER (2002) besteht demnach aus Organisation, Evolution, Innovation und Interaktion. Ein anderes Konzept, welches in den Bereich der Wirtschaftswissenschaften fällt, wird von den Autoren als „Geographical Economics" bezeichnet. Im Wesentlichen wird hier dargelegt, dass Volkswirtschaft eine räumliche Ausprägung besitzt, die sich in regionalen Unterschieden und räumlichen Konzentrationsprozessen widerspiegelt.

Relationale Wirtschaftsgeographie zeichnet sich nach BATHELT/GLÜCKLER (2002) innerhalb der Akteursebene der Unternehmen durch eine arbeitsteilige Verflechtung und soziale Interaktionen aus, die den Bestandteil von Produktions- bzw. Wertschöpfungsketten bilden.

2.1.2 Globalisierung

Globalisierung kann als „Zunahme der internationalen Verflechtungen von Gesellschaft, Kultur, Politik und Wirtschaft" bezeichnet werden. (KULKE 2002: 195) Im Bereich der Weltwirtschaft kann die zunehmende internationale Arbeitsteilung als eine wichtige Auswirkung bezeichnet werden. Arbeitsintensive Güter werden nicht mehr in Industrienationen gefertigt deren Arbeitskosten auf einem deutlich höheren Niveau liegen als die Arbeitskosten in einem Entwicklungs- oder Schwellenland. Dementsprechend kommt es zur Auslagerung („Outsourcing") von Produktionsstätten. Die zunehmenden internationalen Verflechtungen spiegeln sich auch in der Organisation von Unternehmen innerhalb ihrer Wertschöpfungskette wider, was im Konzept der GCC behandelt wird.

2.2   Definition einer Global Commodity Chain

Da es seit einigen Jahrzehnten in verschiedenen Sprachräumen (Englisch, Deutsch, Französisch) systemische Ansätze gibt, die die vertikale Integration und Desintegration von Produktions- und Distributionsprozessen analysieren, bildeten sich eine Vielzahl von Begriffen heraus. Sie haben teilweise einen identischen, teilweise einen abweichenden Bedeutungsinhalt (KAPLINSKY/MORRIS 2001: 6-8). So wurden neben dem Begriff „Commodity Chain" die Begriffe „Value Chain", „Filière", und „Global Production Networks" gebildet. Teilweise bilden diese Begriffe den Ausgangspunkt für andere Konzepte, worauf in Abschnitt 2.5 noch näher eingegangen wird.

Die Idee und Konzeption der Wertschöpfungskette wurde erstmals vom Wirtschaftswissenschaftler PORTER im Jahr 1985 vorgestellt. Hierbei handelt es sich um eine lineare Abbildung der verschiedenen Arbeitsschritte, die für die Produktion, das Marketing und die Distribution eines Gutes oder einer Dienstleistung erforderlich sind.

Nach PORTER „gliedert die Wertkette ein Unternehmen in strategisch relevante Tätigkeiten, um dadurch Kostenverhalten sowie vorhandene und potentielle Differenzierungsquellen zu verstehen. Wenn ein Unternehmen diese strategisch wichtigen Aktivitäten billiger oder besser als seine Konkurrenten erledigt, verschafft es sich einen Wettbewerbsvorteil". (PORTER 1989: 59). Er beschränkt sich auf die Ebene der Unternehmen und ihre Netzwerke. Ausgeblendet werden Aspekte der Unternehmensmacht, der wechselseitigen Beeinflussung von Unternehmen, des institutionellen Kontexts sowie die räumliche Ebene der Einbettung von Wertketten, was für die Wirtschaftsgeographie ein entscheidender Aspekt ist.

Nach BATHELT/GLÜCKLER (2002: 30) wird unter einer Wertschöpfungskette eine Abfolge von Funktionen verstanden, die dem Produkt auf jeder Stufe einen Mehrwert hinzufügen (BATHELT/GLÜCKLER 2002: 30). HOPKINS/WALLERSTEIN betonen aus einer historischen Perspektive den Netzwerkcharakter der globalen Wertschöpfungskette: „The term global GCC refers to the network of labour and production processes whose end result is a finished commodity" (HOPKINS/WALLERSTEIN 1986: 159).

SCHAMP definiert den Begriff der Wertschöpfungskette umfassender:

„Eine Wertschöpfungskette bezeichnet den Pfad eines zu konsumierenden Produktes von seiner Rohstoffquelle bis zum Verbrauch, eigentlich auch darüber hinaus bis zur Entsorgung dessen, was übrig geblieben ist. Der Pfad wird als Kette verstanden, weil in einer klaren Ordnung von Produktionsschritten dem Vorprodukt jeweils mehr Wert zugefügt wird. Dabei gelten auch Dienstleistungen wie z.B. der Handel, die Beratung und Entsorgung als Produktionsschritte." (SCHAMP 2007: 149).

Abbildung 1 stellt das Grundmodell einer Wertschöpfungskette dar:

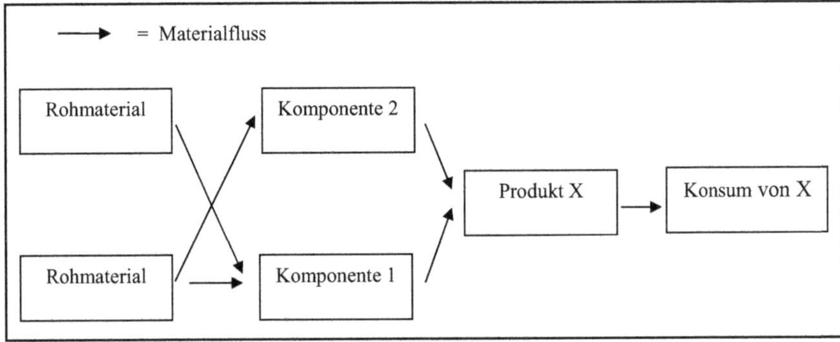

Abbildung 1: Basismodell einer Wertschöpfungskette (Quelle: Gereffi ET AL. 1994).

2.3 Das Konzept der Global Commodity Chains nach Gereffi et al. (Konzept I)

2.3.1 Producer-driven versus buyer-driven Commodity Chains

Der Grund für ein Forschungsinteresse in GCC kann mit ihrer Verwurzelung in die Produktionssysteme begründet werden die zur Folge haben, dass sich bestimmte Muster in der Koordinierung des Handels ergeben (GEREFFI ET AL. 1994: 96 ff.). Die GCC bestehen aus Serien von organisationsübergreifenden Netzwerken, die sich um eine Ware oder ein Produkt herum gruppieren. Sie vernetzen Haushalte, Unternehmen und Staaten innerhalb der Weltwirtschaft. Diese Netzwerke sind situationsspezifische, soziale und im jeweiligen lokalen Kontext verankerte Konstrukte (GEREFFI ET AL. 1994: 2).

Zunächst identifiziert GEREFFI drei Dimensionen von GCCs (GEREFFI 1994: 96-97):

* eine Input-Output-Struktur, die sowohl aus tangiblen (Erzeugnisse und Waren) und intangiblen (Wissen, Serviceleistungen) Strömen besteht und die im Prozess der Wertschöpfung miteinander verbunden sind;

- ein Raummuster, welches als räumliche Streuung oder Konzentration von Produktions- und Verteilungsnetzen verstanden wird, die wiederum aus verschiedenen Unternehmen bestehen sowie eine

- eine Governance-Struktur, die als verstandene Herrschafts- und Machtbeziehungen die Verteilung von Finanz-, Material- und Personalflüssen innerhalb einer Kette bestimmt.

Im Rahmen der Governance, also der Machtstruktur, unterscheidet GEREFFI zwei Formen der Commodity Chains (CC), die vereinfacht als die „producer-driven CC" und die „buyer-driven CC" bezeichnet werden.

In der producer-driven CC erfolgt die Steuerung durch große, meist transnational produzierende Unternehmen vor allem in kapital- und technologieintensiven Industrien wie der Automobilindustrie, Computer, Luftfahrt und Maschinenbau. Die räumliche Verbreitung dieser Industrien ist grenzüberschreitend, allerdings variiert die Anzahl der verschiedenen Länder in der CC und ihrem Entwicklungsstand variierend. Kennzeichnend für die Organisationsform der Zusammenarbeit ist das Subcontracting, die Delegierung von Zulieferaktivitäten an Partnerunternehmen sowie die Lieferung in Komponenten. Dies trifft insbesondere für arbeitsintensive Produktionsprozesse zu. Neben dem Subcontracting sind Strategische Allianzen, also die Entwicklung einer gemeinsamen Strategie in bestimmten Geschäftsfeldern zweier wirtschaftlich selbständiger Unternehmen, typisch. In „producer-driven CC" beeinflussen die führenden Unternehmen sowohl ihre Zulieferer als auch ihre Abnehmer (STAMM 2004: 22). Die Markteintrittsbarrieren liegen im Wesentlichen in technologie- und damit kapitalintensiven Investitionen in der Produktionssphäre. Daher können die Unternehmen der Industriebranche als Kernakteure herausgestellt werden. Vgl. hierzu Abbildung 2:

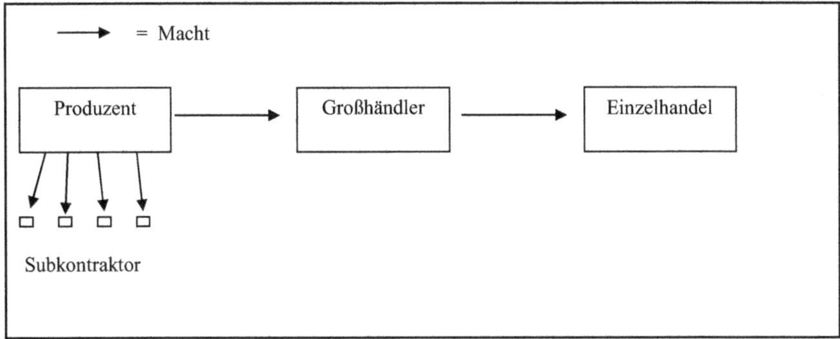

Abbildung 2: Organisation der producer-driven CC (Quelle: GEREFFI ET AL. 1994).

In „buyer-driven CC" hingegen spielen Käuferunternehmen wie große Handelsunternehmen und Markenproduzenten die entscheidende Rolle für das Gefüge dezentraler Produktionsnetzwerke in Exportnationen, die üblicherweise in den Ländern der dritten Welt lokalisiert sind. Diese Form der Wertschöpfungskette ist typisch für die arbeitsintensive Konsumgüterindustrie (Bekleidung, Schuhe, Spielzeug, Unterhaltungselektronik, Haushaltswaren) und für viele handgefertigte Güter wie Möbel und Schmuckwaren. Die Auftragsfertigung dominiert, allerdings wird der Produktionsprozess durch unabhängige Fabriken in den Entwicklungsländern durchgeführt. Im Gegensatz zur „producer-driven CC" werden hier Fertigerzeugnisse hergestellt und keine Module oder Komponenten. Die Erzeugnisse werden nach „original equipment manufacturer" (OEM)-Vereinbarungen hergestellt - das bedeutet die Erzeugnisse werden zwar in den Fabriken den Entwicklungsländern gefertigt, jedoch von den Käuferunternehmen in den Handel gebracht. Dabei werden die Produktspezifikationen von den Käufern bereitgestellt die die Güter oder Produkte entwickeln.

Die Hauptaufgabe der Schlüsselunternehmen in der buyer-driven CC liegt in der Steuerung der Produktions- und Handelsnetzwerke und sicherzustellen, dass alle Teile des Wertschöpfungsprozesses später als ein Ganzes herauskommen. Folglich werden Profite nicht durch Vorteile in der Massenproduktion (economies of scale) und Vorteile in der Technologie generiert, wie dies bei der producer-driven CC der Fall ist. Vielmehr werden Gewinne durch die Kombination hochwertiger Forschung, Design, Umsatzerlöse, Marketing und Finanzdienstleistungen erreicht. Diese Kombinationen erlauben es den Käuferunternehmen, durch die Vernetzung von „Übersee-Fabriken" und Händlern (mit entstandenen Produktnischen) als strategische Vermittler in ihrem Konsumgütermarkt aufzutreten. Die Eintrittsbarrieren in die Produktion sind in der Regel gering. Abbildung 3 zeigt das Modell für eine buyer-driven CC:

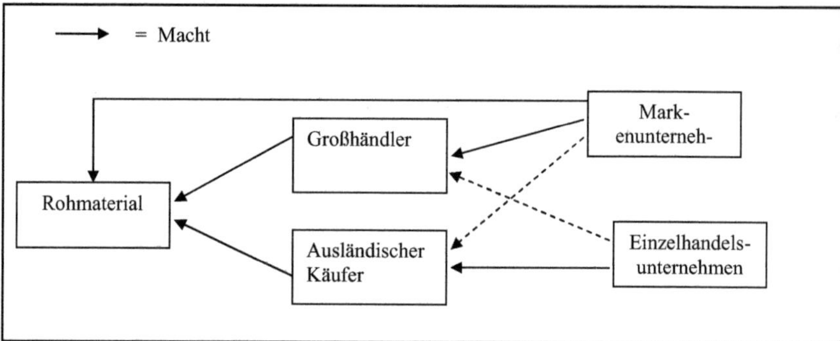

Abbildung 3: Organisation der buyer-driven CC (Quelle: GEREFFI ET AL. 1994).

Die Unterscheidung zwischen producer-driven und buyer-driven CC nach GEREFFI ET AL. (1994) fußt auf der Debatte um Massenproduktion und flexible Spezialisierung der Organisation von Industrien. Während PIORE/SABEL (1984) einen Ansatz vertreten, sich in räumlicher Dimension auf Binnenmärkte und lokale Industrieregionen beschränkt, hat nach GEREFFI (1994) der Ansatz der producer-driven und buyer-driven CC eine globale Dimension, da er auf organisatorische Eigenschaften von globalen Industrien ausgerichtet ist

(GEREFFI ET AL. 1994: 99 f.). Darüber hinaus erklärt sich durch den buyer-driven CC-Ansatz das Phänomen von flexiblen, spezialisierten Produktionsformen hinsichtlich des Wechsels in der Struktur des Einzelhandels, der wiederum demographische Veränderungen und neue organisatorische Notwendigkeiten widerspiegelt. Im Gegensatz zu der Annahme, dass das eine Produktionssystem normativ besser sei als das andere, werden die producer- und buyer-driven CC als gegensätzliche Pole in einem Spektrum industrieller Organisationsmöglichkeiten angesehen. Jedoch schließen sie sich nicht gegenseitig aus.

2.3.2 Die Rolle des Staates in Global Commodity Chains

Dritte Welt-Länder sind bisher einer von zwei alternativen Entwicklungsstrategien gefolgt: (GEREFFI ET AL. 1994: 100 f.)

1) „Import-substituting industrialization" (ISI),

2) „Export-oriented industrialization" (EOI).

Der ISI-Ansatz umfasst die industrielle Produktion, die auf den Bedarf der großen Binnenmärkte ausgerichtet ist. Diese Strategie haben vor allem große, ressourcenreiche Ökonomien in Lateinamerika (Brasilien, Mexiko, Argentinien), Südasien (Indien, Bangladesch) und Teile Osteuropas verfolgt.

Die EOI-Strategie wurde vor allem in kleineren, ressourcenärmeren Ländern wie in den New Industrialized Countries (NIC's) in Ostasien ausgeübt. Durch exporthabhängige Fertigung ist sie vor allem von globalen Märkten abhängig.

Auch wenn diese Entwicklungsstrategien als sehr stark vereinfacht bezeichnet werden können, so bilden sie doch im Wesentlichen die Realität ab: Die meisten Ökonomien haben in der Vergangenheit die EOI-Strategie gewählt um benötigte Devisenzuflüsse zu erhalten und den lokalen Lebensstandard zu erhöhen.

Zwischen den beiden Strategien der nationalen Entwicklung und der Struktur von CC besteht indes ein wichtiger Zusammenhang. Die Substitution des Imports (ISI) hat die gleichartigen Ausprägungen wie kapital- und technologieintensive Industrien (Stahl, Aluminium, Petrochemie, Maschinenbau, Auto und Computer). Darüber hinaus sind in beiden Fällen die zentralen Vermittler TNC's und staatliche Unternehmen. Dagegen wird die exportorientierte Industrialisierung durch buyer-driven CC induziert, indem die Produktion in arbeitsintensiven Industrien in kleine bis mittlere private inländische Unternehmen der Dritten Welt verlagert wird.

Wirtschaftspolitik spielt eine Hauptrolle in GCC. Der Staat vor allem in EOI übernimmt die Funktion eines Unterstützers. Regierungen schaffen Rahmenbedingungen, sind jedoch nicht direkt in den Produktionszprozess involviert. Hierbei versuchen sie, Infrastruktur aufzubauen die eine exportorientierte Industrie benötigt: moderne Transportfazilitäten und Kommunikationsnetzwerke; Freihandelszonen im Sinne von exportverarbeitenden Zonen (z. B. ökonomische Zonen in China); Subventionen für Rohstoffe, Zollrückvergütungen für importierte Materialien die für die Exportproduktion verwendet werden; anpassungsfähige ökonomische Institutionen und Krediterleichterungen; etc. Im Gegensatz dazu spielen Regierungen in ISI-Ländern eine viel interventionistischere Rolle. Sie nutzen die volle Spanne wirtschaftspolitischer Instrumente (Joint ventures mit inländischen Partnern, Export-Fördermodelle) aus, indem der Staat oftmals in Fertigungsaktivitäten involviert ist. Insbesondere gilt das für die vorgelagerte Industrie.

Die Rolle des Staates hinsichtlich der Produktion ist in buyer-driven CC eher unterstützend ausgerichtet, dagegen eher intervenistisch orientiert in producer-driven CC. Bei buyer-driven CC muss zudem beachtet werden, dass der Staat auch in den Konsum- oder Importländern eine nicht unwesentliche Rolle spielt. Protektionistische Maßnahmen wie Quoten, Zölle und gezielte Exportbeschränkungen wirken sich dann unmittelbar auf den Standort bei buyer-driven CC aus. Dies wird deutlich wenn man die globale Beschaffung von Bekleidung, wo Quoten weitverbreitet sind, mit der Beschaffung von Schuhen (keine Quoten) vergleicht. Eine viel höhere Zahl an Ländern ist in der Produktion und in Exportnetzwerken für Bekleidung involviert als für Schuhe. Das ist in erster Linie ein Quoteneffekt, wodurch die Anzahl der Exportunternehmen in den Dritte Welt-Ländern kontinuierlich ausgedehnt wird um die Importbeschränkungen zu umgehen, angeordnet durch Quoten gegen frühere erfolgreiche Exporteure der Bekleidungsindustrie. Deswegen wurde die Globalisierung der Exportproduktion durch zwei unterschiedliche Arten von Wirtschaftspolitik gefördert: Anstrengungen der Entwicklungsländer um EOI voranzutreiben, gekoppelt mit Protektionismus in entwickelten Ländern.

2.3.3 Fallbeispiel: Strategic Reorientations of U.S. Apparel Firms (TAPLIN 1994)

TAPLIN hat in einem Aufsatz die strategische Neuausrichtung von US-Bekleidungsunternehmen untersucht (TAPLIN 1994: 205-221). Dabei wird aufgezeigt wie in der Wertschöpfungskette der Bekleidungsindustrie strategische Entscheidungen durch den Wunsch der Unternehmen, hochwertige Wertschöpfungsprozesse intern auszuführen, ausgestaltet werden.

<u>Integrierte globalisierte Produktion</u>

In den siebziger Jahren führten hohe Produktionskosten (oft eine Funktion von unflexibler Arbeit und steigenden sozialen Lohnkosten) und Marktsättigung bei einigen langlebigen Konsumgütern zu schrumpfenden Gewinnmargen bei Unternehmen. Daraus resultierte während der achtziger Jahre eine systematische Umstrukturierung vieler Unternehmen und Industrien in der westlichen Welt. Die Umstrukturierungen waren vielerorts mit signifikanten Steigerungen in der Globalisierung von Handel und Produktion verknüpft - besonders seit NIC's sich als attraktive Standorte für U.S. Unternehmen erwiesen haben die Teile oder ihren gesamten Produktionsprozess auszulagern suchten.

Da viele der NIC's ihre Entwicklung auf exportorientierte Wachstumsstrategien stützten in denen bedeutende Schlüsselindustrien tätig waren, wurden sie in die Lage versetzt durch ihren komparativen Kostenvorteil diese Situation auszunutzen. Dies wurde durch ihre niedrigen Arbeitskosten möglich - zu einer Zeit als die Nachfrage in Hochlohnländern elastisch blieb, d. h. beispielsweise auf Preisänderungen reagierte. Obwohl diese Strategien kein überproportionales Wachstum beim Bruttosozialprodukt garantieren, können sie einen Wechsel im Bereich der westlichen Fertigungsindustrien bewirken. Durch die Zerlegung der einzelnen Produktionsabschnitte und der Identifizierung von entscheidenden Schlüsselpunkten in einem solchen Produktionsprozess bieten CC ein Hilfsmittel, um nicht nur räumliche Spezialisierung, sondern auch den relativen Wert solcher Aufgaben zu bestimmen, die für die Firmen Gewinne bringen.

Die CC der Bekleidung beinhaltet Rohmateriallieferanten, Design und Kleidungsvorbereitungsspezialisten, Produzenten die das Produkt fertigen und Firmen, die in der Distribution und im Verkauf des Endproduktes spezialisiert sind. Vor- und nachgelagerte Verflechtungen in der Kette haben sich in den achtziger/neunziger Jahren zunehmend konzentriert. Dies geschieht über Händler die das Produkt an Textilunternehmen verkaufen. Diese beliefern wiederum die Fabriken. Die Verflechtungen ordnen Bekleidungsproduzenten zwischen zwei konzentrierten Sektoren an. Darüber hinaus operieren die Produzenten in verschiedenen Regionen des Landes, in verschiedenen Sektoren der Industrie und werden mit unterschiedlichen organisatorischen Bestimmungen konfrontiert. Im Raum New York, der traditionell das Zentrum der Industrie war, dominieren heute spezialisierte, hochwertige Modebekleidung und Sportbekleidung. Ähnlich verhält es sich für den Fall Südkalifornien, wo insbesondere die Sportbekleidungsindustrie dominiert. In beiden Gebieten ist modeorientierte Produktion, die kleine Chargen benötigt und differenzierte Produktionsweise mit einem hohen Maß an Absatz kombiniert, weit verbreitet.

Dies steht im Gegensatz zur weniger modeintensiven, standardisierteren Produktionsweise, die mit vielen Produkten im Bereich der „Men's and Boys' wear"-Märkte assoziiert wird. Letztere sind seit etwa einem Jahrzehnt eher in der Südwest-Region der USA zu finden. Das zeigt dass in der Bekleidungsindustrie zwei Wertschöpfungsketten mit zwei regionalen Polen im modeorientierten Segment existieren. Da innerhalb der Vereinigten Staaten verschiedene Kopplungen der Produktion auftreten, ist für diesen Fall die Analyseebene der Staaten nicht angebracht. Vielmehr stellen industrielle, sektorale Unterschiede die Bedeutung lokaler anstatt nationaler Produktionssysteme heraus. Diese parallel verlaufenen CC sind in globale Produktionsnetzwerke integriert (vgl. Abbildung 4).

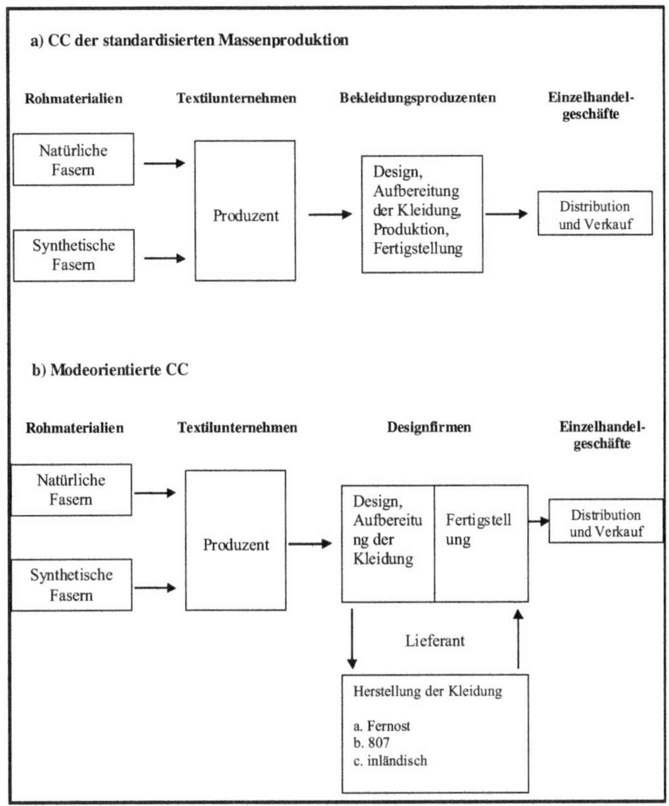

Abbildung 4: CC der Bekleidungsindustrie (Quelle: Taplin 1994).

Die Bekleidungsindustrie ist sehr arbeitsintensiv und durch Niedrigqualifikation der Arbeiter gekennzeichnet. Die Produktion ist schwierig zu automatisieren; in vielen Bereichen werden Kleinserien hergestellt. Sie ist hart umkämpft und weist 1987 knapp 16.000 Betriebe auf, die über eine Million Arbeiter beschäftigen. Die Gesamtbeschäftigung sank 1987 auf 88 Prozent - das entspricht dem Beschäftigungsniveau des Jahres 1954, mit einem stetigen Rückgang in allen Bereichen seit 1973. Der Hauptfokus der Studie richtet sich auf die beiden größten Segmente, der „Men's and Boys" wear sowie „Women's and Misses" wear.

Der Rückgang der Beschäftigung und der Betriebe ist nicht allgemein gültig. Während bei der Damenoberbekleidung (DOB) Kleinfirmen entgegen dem allgemeinen Trend sogar einen Zugang der Betriebe auf dem Markt verzeichnen konnte (z. B. durch spezialisierte Aufbereitung des Designs und der Kleidung, oder als „cut, make, and trim" Subunternehmer großer Bekleidungsunternehmen) zeigt das Wachstum der Firmen, die in der Männeroberbekleidung (MOB) tätig sind, dass Fertigungseffizienz sich eher in mittelgroßen Unternehmen als in kleineren Unternehmen auswirken. Interessant ist in diesem Zusammenhang die annähernd gleiche Wertschöpfung der Unternehmen für DOB pro Produktions-Arbeitsstunde wie MOB. Und das trotz geringerer Kapitalausstattung. Mit einem 25-40prozentigen Anteil an den Produktionskosten stellen Arbeitskosten einen wesentlichen Kostenfaktor dar (Rohmaterial: 50-60 Prozent). Die Löhne in der Bekleidungsindustrie sanken von 1950 bis 1987 um 54 Prozent, relativ gesehen zu den Durchschnittslöhnen in der gesamten Industrieproduktion. Mit dieser Lohnsenkung wurden angesichts nachhaltiger NIC-Importe massive Beschäftigungsverluste vermieden.

Indes nahm die relative Binnennachfrage nach Bekleidung seit den frühen 70er Jahren stärker ab als das Importwachstum, und das trotz einer starken Protektion des Sektors durch den Staat. Dies führte langfristig zu einer Abnahme der inländischen Produktion. Während Niedriglohnländer der NIC in ihren komparativen Kostenvorteil der Arbeitskosten investierten, wurde diese Veränderung durch einen überbewerteten Dollar und steigende US-Einkommen weiter stimuliert.

Die strategische Antwort der Unternehmen auf die unaufhaltsame Import-Durchdringung des heimischen Marktes war unterschiedlich:

1) Materialbeschaffung in Übersee: Fernost

Bei einer Fertigung in Fernost entstehen im wesentlichen Gewinne, die primär kosteninduziert sind, auch wenn bei der Beschaffung die Qualität eine herausragende Rolle spielt. Im Wesentlichen können niedrigere Frachtkosten durch Schiffcontainer und eine verbesserte Koordination durch Innovationen in der Telekommunikation genannt werden. In den Ländern der „Big Four" (Hong Kong, Südkorea, Taiwan und China) ist darüber hinaus eine gut entwickelte Infrastruktur gegeben, die die Produktion und die Verschiffung der Güter fördert. Die Arbeitskosten in Fernost betragen ein Viertel der Arbeitskosten im Süden der USA, jedoch gibt es auch innerhalb Fernost große Unterschiede bzgl. der Arbeitskosten. Auch wenn die Fabrikpreise 60 bis 80 Prozent der Textilkosten in den USA betragen und die Energiekosten sich auf einem annähernd gleichen Niveau bewegen, so betragen die Lieferkosten in Fernost 125 Prozent der US-Produzenten, die Produktivität liegt bei 65 Prozent, ebenfalls gemessen am Niveau in den USA. Werden dann noch Einfuhrzölle und die Frachtunterschiede eingerechnet, ist der Vorteil der Überseeproduktion reduziert. Falls nun alle vier Monate Produktwechsel vorgenommen werden soll, kann es zu Qualitätsproblemen mit neuen Produzenten und der Nachlieferung umschlagsstarker Artikel kommen. Somit verliert die Beschaffung in Fernost an Attraktivität.

2) Materialbeschaffung in Übersee: 807-Programme

Das Programm 807 (etabliert 1965) erhebt Zölle nur auf den Mehrwert von US-Produkten die in Übersee produziert worden sind. 1987 wurde dann das Programm 807A implementiert, welches den Re-Import von Gütern weiter liberalisierte. Zehn Prozent aller US-Bekleidungsimporte kamen 1989 durch das Programm 807A in das Land. Geringere Frachtkosten und flexiblere Produktwechsel in der Karibikregion und Mexiko machen diese Standorte attraktiver als Fernost. Jedoch mangelt es mit Ausnahme von Mexiko den anderen Staaten erheblich an Infrastruktur, die für eine reibungslose Produktion notwendig ist.

3) Materialbeschaffung im Inland

Bei der Beschaffung im Inland stellen Infrastruktur, Kontrolle und Risiko kein Problemfall dar. Die Abweichungen in der Qualität werden durch den Wettbewerb zwischen den Lieferanten kompensiert. Modemarkenunternehmen waren in der Lage, Druck auf die Lieferantenchargen auszuüben indem mit dem Wechsel mit Produktionsverträgen nach Übersee gedroht wurde. Bei der Beschaffung im Inland können Design-Firmen folglich von einer günstigen Produktion profitieren, die dazu schnell und flexibel ist. Zusammen mit einem hohen Grad an Zuverlässigkeit und Qualität der Lieferanten wird der Wettbewerbsvorteil der Unternehmen gewahrt.

Durch Änderungen im Bereich der Fertigungstechnologie in den USA durch die Einführung von Computer aided design (CAD) - in Kombination mit Computer-controlled Cutters (CCC)-Systemen - während der Mitte der achtziger Jahre wurden die Produktionsprozesse stark optimiert. Dies versetzte die Lieferanten in die Lage ihren Status in der käuferdominierten Kette zu erhöhen („upgrading"). Systeme des EDI ermöglicht es Produzenten darüber hinaus, ihre Produktion zu überwachen und sicherzustellen dass sie die schwankende Nachfrage der Käufer befriedigen können.

Niedrigere Lagerkosten und der effizientere Einsatz von Arbeitern waren vor allem für große Firmen in standardisierten Märkten nutzbringend, einen höheren Marktanteil als strategisches Ziel zu erreichen. Tabelle 1 illustriert diesen Umstand mit einem Vergleich der T-Shirt-Produktion in den USA und 807-Abkommen:

	U.S.	807-Produkt
Produktion, Nachbearbeitung und Schneiden	$ 11,15	$ 11,15
Arbeitskraft	$ 4,65	$ 1,76
Fracht, Zoll & Dokumente	---	$ 4,13
SUMME	**$ 15,80**	**$ 17,04**

Tabelle 1: Kostenvergleich bei T-Shirts in $/Dutzend (Quelle: TAPLIN 1994).

Rekonfigurierte Wertschöpfungsketten

Die Logik der internationalen Aufteilung für ein arbeitsintensives Produkt wie Bekleidung ist tadellos. Allerdings haben Quotenpolitiken und käuferinduzierter Druck der Händler, die zuletzt genannten Kostenreduzierungen einhergehend mit simultaner Nachfrage nach Flexibilität in der Produktion der Kette eine Komplexität zugefügt, die andererseits einfache und vorhersagbare Ergebnisse hervorgebracht hätte.

Als letztes Glied in der Bekleidungskette übten *Händler* weiter oligopsone Macht aus und erwirtschafteten hohe Profite, indem sie sich auf den Großhandelsvertrieb und unterschiedliche Produktverkäufe konzentrierten. In den 80er Jahren lag die durchschnittliche Eigenkapitalrendite in der DOB nach Steuern bei 19 Prozent; im gleichen Zeitraum hatte die Firma „The Limited", ein Sportartikelhersteller, der Verträge exklusiv für seine eigene Produktion abschließt, eine Eigenkapitalrendite nach Steuern von über 29 Prozent.

Um mit den deutlich niedrigeren Arbeitskosten von Unternehmen in Übersee zu konkurrieren, gingen einige US-Produzenten dazu über, ihre Produktion zu rationalisieren und zu automatisieren. Die Optimierung der Produktionsprozesse versetzte die US-Produzenten in die Lage, Übersee-Produzenten hinsichtlich der Effizienz zu überbieten und eine verbesserte Koordination der Produktion zu gewährleisten, falls sie an EDI angeschlossen waren. Selbst in diesem standardisierten Segment sind für die Händler Qualität und „just in time"-Lieferung wichtige Attribute.

In modeorientierten Ketten behalten *Subunternehmer* einen außenähnlichen Status, auch wenn sie in den USA angesiedelt sein können. Sie investieren große Teile in günstige Arbeitskräfte und schaffen Mehrwert durch lohnsenkende Maßnahmen.

Den letzten Knoten in Bekleidungswertschöpfungsketten bilden *Textilunternehmen*, die ihre oligopole Macht dazu benutzen, den Einkauf und die Distribution zu ihrem Vorteil auszunutzen. Jedoch bleiben sie einigermaßen von ihren Kunden in der heimischen Bekleidungsindustrie abhängig. Die Textilunternehmen haben von den Rationalisierungsmaßnahmen in der Industrie durch hohe Gewinne profitiert. Auch wenn sie kleineren Bekleidungsunternehmen strenge Auflagen machen, wie beispielsweise in Übersee einzukaufen und sie so diesen Teil der Kette umgestalten, haben günstige Textilpreise und höhere Effizienzen in der Zulieferung großen US-amerikanische Produzenten in standardisierten Märkten hilfreich.

<u>Fazit</u>

Drei Faktoren haben zu einem zwingenden Wechsel in der Verarbeitung von Kleidung geführt. Erstens führte die Änderung in der Nachfrage der Verbraucher zu ungünstigen Systemen in der Massenproduktion. Zweitens führte die Marktdurchdringung der Importe der NIC's zu einem größeren Kostenwettbewerb. Als Folge dieser zwei Entwicklungen haben die großen Einzelhändler die Vielfalt und die günstigen Wettbewerbskosten importierter Kleidung als Druckmittel gegenüber den einheimischen Kleidungsproduzenten ausgenutzt. Der dritte Faktor kann von den Textilherstellern hergeleitet werden, die ihre überlegene ökonomische Macht über die Kleidungsproduzenten dazu benutzt haben, um das Niveau ihrer Gewinnmargen konstant zu halten. Demzufolge waren die Kleidungsproduzenten zwischen dem Oligopson der großen Einzelhändler und dem Oligopol der großen Textilunternehmen eingezwängt.

Bei einer Beurteilung dieser Trends aus Sicht der Wertschöpfungskette entsteht folgendes Muster. Die Produktion ist *zwischen* Unternehmen inländisch, global oder *innerhalb* inländischer Unternehmen fragmentiert. Dies ist von der jeweiligen Kette abhängig. Jede Ebene reflektiert weitere Schichten des Produktionsprozesses, indem die Bekleidungskette umgestaltet wurde. Unternehmen die sich im standardisierten (produzierenden) Massenmarkt betätigen, sind auf technologische Innovationen (Design, Produktions- und Prozesstechnologie) und auf die Intensivierung der Arbeitskraft angewiesen. Modefirmen tendieren dagegen eher zur Nutzung dezentralisierter Produktionstechniken, indem sie Subkontrakte und zugehörige „lohnsenkende" Taktiken anwenden. Beide Methoden beinhalten Formen der flexiblen Akkumulation, die einen entscheidenden fordistischen Charakter besitzen. Aufgrund des komplexen Wechselspiels von einschränkenden Variablen wie das Multi-Fibre-Arrangement (MFA)[1], segmentierter Verbrauchernachfrage und institutionellen Regulationen können die einfachen Arbeitskostenunterschiede nicht als (alleinige) Erklärung für Produktionsstrategien in den verschiedenen Knoten der Wertschöpfungskette

---

[1] Das MFA sah von 1975 bis 2005 eine Quotenbeschränkung für den Import von Bekleidung und Textilien aus Entwicklungsländern zum Schutz der Industrie entwickelter Länder vor.

dienen. Stattdessen können Unternehmen ihre Position in der Kette darüber hinaus durch zentrale Wege wie

- die Verbesserung des Einheitswerts des Produkts und dabei eine Aufwertung des relativen zugefügten ökonomischen Wertes und

- die Eroberung eines größeren Marktanteils und die Steigerung der Anzahl der Verkäufe des Produkts

verbessern.

2.5 Alternativkonzepte und Kritik am ersten Konzept der GCC

2.5.1 Das Filière-Konzept als Vorläufer des Global Commodity Chains-Konzepts

Ein Konzept welches in der gegenwärtigen wissenschaftlichen Diskussion nicht häufig auftaucht ist der Ansatz der Filière. Entsprechend äußert sich KULKE: „In recent years, the GCC approach has gained much recognition in economic geography and has been much used in academic work." (KULKE 2007: 119) Das Wort Filière bedeutet übersetzt „Anordnung/Reihenfolge". Französische Ökonomen entwickelten es in den siebziger Jahren, um ein strukturierteres Verständnis der wirtschaftlichen Prozesse innerhalb eines Produktions- und Distributionssystems zu gelangen (vgl. STAMM 2004: 12-14). Einer der deutschen Vertreter des Konzeptes in der deutschen Wirtschaftsgeographie ist SCHAMP (1997), der das Konzept der Filière am Beispiel der Brotherstellung darlegt:

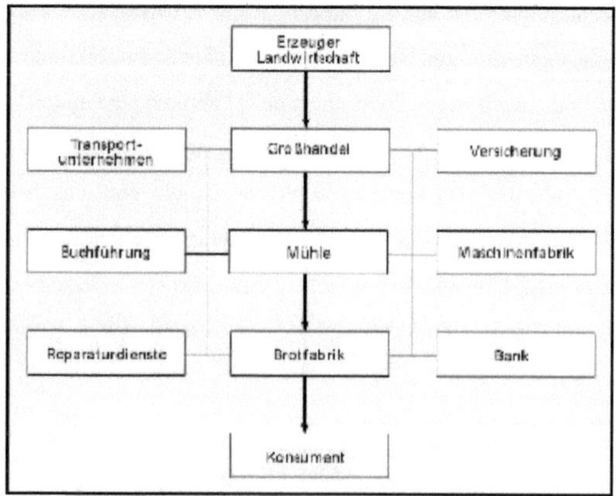

Dabei ist die Filière die technisch verstandene Produktionskette, die von der Gewinnung des Rohstoffs bis zum Endverbraucher reicht. Der Gesamtzyklus wird in verschiedene Segmente unterteilt; die Kette „ …is mainly understood as a linear and vertical flow of materials." (KULKE 2007: 118 f.)

Die Segmente erfüllen spezifische Funktionen und sind relativ enge Produktions- oder Distributionseinheiten. Oftmals ist ein Segment in ein Unternehmen eingegliedert. Ein- und Austritt in die Segmente sind durch Marktbeziehungen geregelt. So bieten verschiedene Akteure ihre halbfertigen oder fertigen Produkte andere verschiedenen Akteure der Filière an die den nächsten Produktionsschritt durchführen. An diesen „meeting points" oder strategischen Knoten entwickeln sich die Marktpreise gemäß Angebot und Nachfrage. Die Beziehungen an den Knoten werden durch Änderungen in der Technologie und Strategie beeinflusst, um einzelne Schritte zu integrieren oder zu auszulagern. Technologische Neuerungen oder Änderungen in der Strategie kann entweder dazu führen, dass eine weitere Untereinheit in mehrere Segmente aufgeteilt wird, dass die Segmente reduziert werden. Sie kann auch zu einem Wechsel von Fertigungsabläufen von einem Segment zum anderen führen. Zudem beeinflussen Technologie und Strategie den Marktpreis oder Qualitätsstandards in nach- und vorgeschalteten Segmenten. Demnach ist die Filière nichts anderes als ein Instrument zur Beschreibung dezentral organisierter Produktion (STAMM 2004: 13).

Kritisiert wird an dem Filière-Ansatz die Reduktion von überwiegend komplexen Beziehungen zu relativ einfachen Einheiten („black boxes") und dass Markt und Preis schon lange nicht mehr als alleinige Faktoren die Realität erklären können (KULKE 2007: 119). Vielmehr sind Beziehungen auch durch verschiedene immaterielle Verflechtungen wie Verfügbarkeit von Informationen, opportunistisches Verhalten der Akteure oder der Einfluss von Steuerung und Macht beeinflusst.

Die hauptsächliche Verwendung dieses Ansatzes im Bereich der Nahrungsmittelindustrie, deren Abläufe durch Linearität gekennzeichnet sind, spricht für diese Kritik. Diese Linearität drückt sich insbesondere durch die Transformation eines agrarischen Rohstoffs aus, der in den verschiedenen Segmenten der Filière und durch unterschiedliche Akteure verarbeitet und veredelt wird. Im Gegensatz hierzu stehen industrielle Fabrikationsprozesse, wo auf den verschiedenen Stufen der Kette „…meist zunehmend komplexe Aggregate auf Basis von Einzelteilen unterschiedlicher Provenienz entstehen." (STAMM 2004: 13).

2.5.2 Das Konzept der Global Production Networks nach Henderson et al.

Das Konzept der Global Production Networks (GPN) verstehen HENDERSON ET AL. (2002) als eine Weiterentwicklung des GCC-Ansatzes nach GEREFFI ET AL. (1994). HENDERSON ET AL. (2002) bescheinigt dem GCC-Ansatz von Gereffi zwar, er stelle das nützlichste Konzept der „chain conceptualisations of economic activities" dar[1], allerdings werden vier Probleme des Ansatzes erläutert, die sich auf die Unterscheidung der producer-driven und buyer-driven GCC beziehen (HENDERSON ET AL. 2002: 4 ff.).

Danach ist die Unterscheidung erstens auf sektorale und auf organisatorisch spezifische Empirie zurückzuführen. Dementsprechend stellt sie keine idealtypische Konstruktion dar.

Zweitens wird der Aspekt der Pfadabhängigkeit vernachlässigt. Denn fast keine Arbeit über GCC versucht die Entstehung der Kette und ihre Auswirkungen zu rekonstruieren. Dies ist eine wichtiger Punkt, denn soziale Beziehungen die zu einem Zeitpunkt in Wertschöpfungsketten enthalten sind beeinflussen bereits den Pfad und schränken den zukünftigen Verlauf der Entwicklung ein.

Die Nationalität des Unternehmens könnte ein Schlüsselelement hinsichtlich ökonomischer und sozialer Entwicklungen sein. Der GCC-Ansatz übersieht diesen wichtigen Aspekt, den HENDERSON ET AL. als dritten Problempunkt identifiziert.

Viertens scheint das Konstrukt der GCC Unternehmen hauptsächlich als Spiegel zu sehen. Zum einen hinsichtlich der Form der Organisation von Wertschöpfungsketten und zum anderen hinsichtlich der strukturellen Bedingungen der Wertschöpfungsketten, die das Handeln der Unternehmen an jedem beliebigen Ort beeinflussen. Diese scheinbaren Implikationen werden von der Tatsache widerlegt, dass „...commodity chains link not only firms in different locations, but also the specific social and institutional contexts at the national (sometimes sub-national) level, out of which all firms arise, and in which all – though to varying extents – remain embedded." (HENDERSON ET AL. 2002: 8).

Als wesentliche Angrenzungspunkte des GPN-Ansatzes werden folgende Aspekte gesehen (HENDERSON ET AL. 2002: 12 ff.):

Unternehmen, Regierungen und andere wirtschaftliche Akteure aus unterschiedlichen Gesellschaften können unterschiedliche Prioritäten bzgl. Profitabilität, Wachstum, wirtschaftliche Entwicklung etc. haben. Entsprechend unterschiedlich sind die Auswirkungen auf das Verhalten der Akteure in ihrem Netzwerk. Der GPN-Ansatz gesteht den verschiedenen inländischen Akteuren also einen gewissen Grad an Unabhängigkeit zu,

---

[1] HENDERSON ET AL. (2002) vergleicht den Ansatz GEREFFI'S (1994) mit dem Wertschöpfungsketten-Ansatz von PORTER (1985, 1990) und dem Filière-Konzept.

deren Handeln möglicherweise signifikante Auswirkungen in ökonomischer und sozialer Dimension besitzt.

Den Input-Outpout-Strukturen innerhalb der Wertschöpfungsketten wird zentrale Bedeutung beigemessen, da sie letztlich über die Standorte entscheiden wo Wertschöpfung stattfindet. Darüber hinaus markieren sie die starken Unterschiede hinsichtlich der weltweiten Arbeitsbedingungen.

Insgesamt stehen die Wechselbeziehungen zwischen den Kettengliedern und dem Raum, in dem sie eingebettet sind, stärker im Mittelpunkt des Interesses.
Die Unterscheidung in producer driven und buyer driven CC wird nicht beibehalten. Neben den Prozessen der Wertschöpfung und der „embeddedness" (Einbettung der Akteure in ihr räumliches und institutionelles Umfeld) steht der Machtaspekt zwar im Kern der Analysen, wird jedoch weiter und flexibler gehandhabt. Drei Formen werden unterschieden:

Die „Corporate Power", die im Prinzip dem Governance-Konzept des GCC-Ansatzes entspricht; die institutionelle Macht, die die Fähigkeit staatlicher, suprastaatlicher und globaler Institutionen darstellt, auf die Netzwerkbeziehungen Einfluss zu nehmen; kollektive Macht, die sich auf die Möglichkeiten kollektiver Akteure bezieht (NGO's, wie z. B. der Internationale Währungsfonds, die Welthandelsorganisation oder Amnesty International, und Gewerkschaften) die GPN mitzugestalten.

HENDERSON ET AL. (2002) bildet aus den drei Kategorien „Value", „Power" und „Embeddedness" vier Dimensionen: Unternehmen und Institutionen, die er als „Agents" bezeichnet, sowie Netzwerke und Sektoren, die strukturbildend fungieren. Diese Dimensionen, die sich aus den Kategorien ergeben, koordinieren und konfigurieren die Entwicklung des GPN. Abbildung 6 stellt das Konzept der GPN zusammenfassend dar:

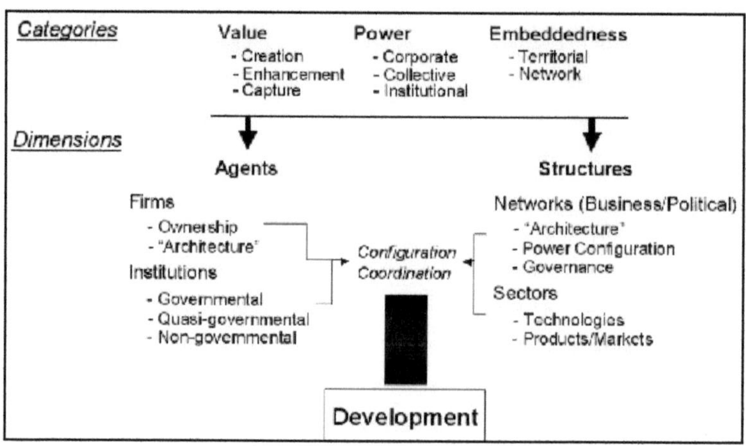

Abbildung 6: Das Konzept der Global Production Networks (Quelle: HENDERSON ET AL. 2002).

2.6 Das Konzept der Global Value Chains nach Gereffi et al. (Konzept II)

In einer Studie von 2003 wird der Governance-Ansatz umfassend weiterentwickelt. Governance wird dabei als *eine* mögliche Form der Koordination von Wertschöpfungsketten innerhalb der Koordinierungsform zwischen reiner Marktbeziehung und Hierarchie im Sinne der Vertikalintegration angesehen (GEREFFI ET AL. 2003: 5 ff.).

Zwischen Markt und Hierarchie gibt es drei weitere relevante Typen von WSK: Modulare WSK, Beziehungsbasierte WSK und Gebundene WSK.

Modulare WSK entwickeln sich bei Produkten mit einer modularen Architektur. Ihre Elemente werden demzufolge weitgehend unabhängig voneinander gefertigt und anhand standardisierter Übergangsstellen („interfaces") zusammengefügt. Die Produkte werden von den Lieferanten nach den Vorgaben des Käufers gefertigt, allerdings behalten die Zulieferer die volle Kompetenz über den Produktionsprozess.

Beziehungsbasierte WSK zeichnen sich durch komplexe Interaktionen zwischen Verkäufern und Käufern auf, die oftmals zu einem hohen Maße wechselseitiger Abhängigkeit führen. Die Funktionen der Ketten werden durch soziale Bindungen gefördert, die durch räumliche Nähe unterstützt werden, allerdings ist dieser Zusammenhang nicht bindend.

In gebundenen WSK sind die kleineren Zulieferer von den großen Kunden überwiegend abhängig. Ein Wechsel zu anderen Käufern wäre mit hohen Kosten verbunden. Kennzeichnend für diese Ketten ist ein hohes Maß an Monitoring und Kontrolle durch

Lead-Firms. Dieser Begriff bezieht die ursprünglich von GEREFFI ET AL. getrennten buyer-driven und producer-driven Wertschöpfungsketten mit ein.

Welche der Koordinierungsform sich in einer spezifischen Wertschöpfungskette durchsetzt, wird durch drei Aspekte entschieden: *Komplexität der Transaktionen, Möglichkeit zur Kodifizierung* und das *Kompetenzniveau bei den Zulieferern*.

Transaktionskosten sind dann besonders hoch, wenn kundenspezifische und komplexe Produkte in verschiedenen Firmen hergestellt werden, die ihre Aktivitäten untereinander koordinieren müssen. *Kodifizierung* von Informationen und Wissen bedeutet eine effiziente Übertragung ohne große Transaktionsaufwendungen. Je höher das *Komptenzniveau* bei den Zulieferern ist, desto mehr wird die *Lead Firm* eigene Lernkosten einsparen und Entscheidungen an die vorgelagerten Akteure in der Kette delegieren.

Die Zusammenhänge zwischen Variablen und Koordinierungsform sind in Tabelle 2 dargestellt:

Koordinierungsform	Komplexität der Transaktionen	Möglichkeit zur Kodifizierung	Kompetenzniveau bei dern Zulieferern	Grad der expliziten Koordination und Machtasymmetrie
Markt	Niedrig	Hoch	Hoch	Niedrig
Modular	Hoch	Hoch	Hoch	
Beziehungsbasiert	Hoch	Niedrig	Hoch	
Gebunden	Hoch	Hoch	Niedrig	
Hierarchie	Hoch	Niedrig	Niedrig	Hoch

Tabelle 2: Schlüsseldeterminanten der Global Chain Governance (Quelle: Verändert nach GEREFFI ET AL. 2003)

STAMM bescheinigt der Fortentwicklung des Governance-Ansatzes zwei Stärken: „Zum einen erlaubt die größere Bandbreite möglicher Koordinierungsformen die angemessene *Abbildung* der komplexen Realität, als es bislang möglich war. Zum anderen stellt sie theoriegeleitete Hypothesen zur *Erklärung* unterschiedlich strukturierter Wertschöpfungsketten dar." (STAMM 2004: 27). Als problematisch bezeichnet er jedoch die begriffliche und konzeptionelle Gleichsetzung von Governance mit Koordination, da in früheren Ansätzen Governance mit Dominanz und Koordination mit der Verständigung über Qualitätsparameter als unterschiedliche Dimensionen der internen Logik von Wertschöpfungsketten erfasst wurden.

KULKE weist darauf hin, dass in Zeiten technologischen Wandels und der Globalisierung die Auslagerung von Produktionsschritten in *einem* Unternehmen internalisiert werden und die verschiedenen Koordinierungsformen in GEREFFI'S Modell deshalb an Bedeutung gewinnen. Dabei sind seiner Ansicht nach insbesondere die räumlichen Auswirkungen interessant: „It seems that complex forms of co-ordination (with limited possibilities for the codification of information) encourage local concentrations of lead firms and suppliers; these concentrations possess competitive advantage due to their innovative strength. Standardised production with market relations between supply and demand shows more dispersed spatial distribution." (KULKE 2007: 122). Darüber hinaus kann das GVC-Konzept neben Industrie auch in anderen Sektoren angewendet werden, so beispielsweise im Tourismussektor.[1]

---

[1] Vergleiche hierzu die Arbeit von SCHAMP ET AL. 2007.

3   Ausblick

Das erste Konzept der Global Commodity Chains nach GEREFFI ET AL. 1994 zeigt, wie die komplexen Strukturen der vertikalen Integration und Desintegration von Produktions- und Distributionsketten durch die Erstellung von Modellen abstrahiert und dadurch veranschaulicht werden können. Es ist eine Aufgabe von Wissenschaft, die komplexe Realität zu vereinfachen.

Die geäußerte Kritik, die sich im Wesentlichen auf die zu enge und einfache Handhabung von Macht bezieht, führt zu einer Weiterentwicklung des GCC-Ansatzes zum GPN-Ansatz nach HENDERSON ET AL. 2002. Der zweite Ansatz von GEREFFI ET AL. 2003 ist eine Weiterentwicklung des ersten Konzepts und sieht *Macht* nur noch als *eine* mögliche Form der Koordination von CC an. Dies führt jedoch auch zu einer höheren Komplexität des Modells und dient nicht seiner Übersichtlichkeit.

Da der Ansatz von GEREFFI ET AL. soziologisch geprägt ist, bleibt die Frage nach der Erkenntnis für die Wirtschaftsgeographie, die nach räumlichen Erklärungsmustern sucht. Dem ersten Konzept folgend, sind in der *producer-driven CC* die Zentralen der Kernakteure, z. B. transnationale Industrieunternehmen weitestgehend in den Industrienationen verbreitet. Die Produktion wird jedoch häufig ausgelagert, wie dies am Beispiel der deutschen Automobilindustrie z. B. in Osteuropa der Fall ist. Als Grund kann die kapital- und technologieintensität dieser Industrien gelten. Allerdings dürfte die räumliche Streuung der anderen Glieder der Kette in der Automobilindustrie weit sein. Im voran genannten Beispiel weisen die weiter vorgelagerten Akteure, z. B. die Stahlproduzenten, eine weite räumliche Dispersion auf (China, Japan, Indien, USA, Russland, Korea).

Dezentrale Produktionscluster in Exportländern werden insbesondere durch Großhändler und Markenproduzenten in *buyer-driven CC* aufgebaut, die nachfrageorientiert strukturiert sind. Dies kann am Beispiel großer Markenproduzenten im Segment der Sportartikelherstellung wie Puma oder Adidas verdeutlicht werden, die ihre arbeitsintensiven Produkte vor allem in Ostasien nach vorgegebenen Standards produzieren lassen.

Das Konzept der GCC ist schlüssig und kann der Wirtschaftsgeographie als Werkzeug dienen, Raummuster und Organisationsformen bei globalen wirtschaftlichen Aktivitäten von Unternehmen zu beschreiben und zu erklären.

Literaturverzeichnis

BATHELT, H., GLÜCKLER, J. (2002): Wirtschaftsgeographie. Ökonomische Beziehungen in räumlicher Perspektive. - Stuttgart.

GEREFFI, G. (1994): The Organization of Buyer-Driven Global Commodity Chains: How U.S. Retailers Shape Overseas Production Networks. - In: GEREFFI, G., & KORZENIEWICZ, M. (Hrsg.): Commodity Chains and global capitalism. Westport: 205-221.

GEREFFI, G. ET AL. (2003): The Governance of Global Value Chains. Forthcoming in Review of International Political Economy. November 2003. http://www.soc.duke.edu/sloan_2004/Papers/governance_of_gvcs_final.pdf. 2008-05-04.

HENDERSON, J. (2002): Globalisaton on the ground: Global Production Networks, Competition, Regulation and Economic Development. - Centre on Regulation and Competition. Working Paper Series, **38**.

HOPKINS, T. K., WALLERSTEIN, I. (1986): Commodity Chains in the World Economy Prior to 1800. - Review, **10** (1): 157-170.

KAPLINSKY, R., MORRIS, M. (2001): A Handbook for Value Chain Research. http://www.frameweb.org/file_download.php/Handbook_for_Value_Chain_Research.p df?URL_ID=12157&filename=11151474661Handbook_for_Value_Chain_Research.pd f&filetype=application%2Fpdf&filesize=509609&name=Handbook_for_Value_Chain_ Research.pdf&location=user-S/. 2008-05-04.

KULKE, E. (2006): Wirtschaftsgeographie. - Paderborn².

KULKE, E. (2007): The Commodity Chain Approach in Economic Geography. - Die Erde, **138** (2): 117-126.

PORTER, M. (1985): Wettbewerbsvorteile. Spitzenleistungen erreichen und behaupten. - Frankfurt am Main.

PORTER, M. (1990): The competitive advantage of nations. -New York.

SCHAMP, E. (1997): Industrie im Zeitalter der Globalisierung. - Geographie heute, **18** (155): 2-7.

SCHAMP, E. ET AL. (2007): Relational Governance and Regional Upgrading in Global Value Chains - The Case of Package Tourism in Jordan. - Die Erde, **61** (2): 169-186.

SCHAMP, E.(2007): Wertschöpfungsketten in Pauschalreisen des Ferntourismus - Zum Problem ihrer Governance. - Erdkunde, **61** (2): 147-160.

STAMM, A. (2004): Wertschöpfungsketten entwicklungspolitisch gestalten. Anforderungen an Handelspolitik und Wirtschaftsförderung. Konzeptstudie. http://www.die-gdi.de/die_homepage.nsf/0/8a5f5aa07c7d6847c1256e1400334014/$FILE/STAMM%20 Wertsch%C3%B6pfungsketten%20dt.pdf. 2008-05-04.

TAPLIN, I. M. (1994): Strategic Reorientations of U.S. Apparel Firms. - In: GEREFFI, G., & KORZENIEWICZ, M. (Hrsg.): Commodity Chains and global capitalism. Westport: 205-221.